September 2019

Mo	Di	Mi	Do	Fr	Sa	So
1	2	3	4	5	6	7
8	9	10	11	12	13	14
15	16	17	18	19	20	21
22	23	24	25	26	27	28
29	30					

Monatsplanung

Meine Ziele

Persönliches   Familie / Freunde

_____   _____

_____   _____

_____   _____

_____   _____

Arbeit   Gesundheit

_____   _____

_____   _____

_____   _____

_____   _____

To-Do's	Prio	✓

Wochenplan

Sonntag 01.09.2019	Montag 02.09.2019	Dienstag 03.09.2019	Mittwoch 04.09.2019

Notizen / Gedanken:

☹ 😐 😑 🙂 😀 **KW 36**

Donnerstag 05.09.2019	Freitag 06.09.2019	Samstag 07.09.2019	Sonntag 08.09.2019

To-Do's

Wochenplan

Prio A:

_____

_____

_____

_____

Prio B:

_____

_____

_____

Prio C:

_____

_____

_____

Montag 09.09.2019	Dienstag 10.09.2019	Mittwoch 11.09.2019

Notizen / Gedanken:

☹ 😐 😬 🙂 😃 KW 37

Donnerstag 12.09.2019	Freitag 13.09.2019	Samstag 14.09.2019	Sonntag 15.09.2019

To-Do's

Wochenplan

Prio A:

_____

_____

_____

Prio B:

_____

_____

_____

Prio C:

_____

_____

_____

Montag 16.09.2019	Dienstag 17.09.2019	Mittwoch 18.09.2019

Notizen / Gedanken:

☹ 😐 😑 🙂 😊 KW 38

Donnerstag 19.09.2019	Freitag 20.09.2019	Samstag 21.09.2019	Sonntag 22.09.2019

To-Do's

Wochenplan

Prio A:

_____

_____

_____

_____

Prio B:

_____

_____

_____

_____

Prio C:

_____

_____

_____

_____

Montag 23.09.2019	Dienstag 24.09.2019	Mittwoch 25.09.2019

Notizen / Gedanken:

☹ 😕 😐 🙂 😃　　　　　　　　　　　　KW 39

Donnerstag 26.09.2019	Freitag 27.09.2019	Samstag 28.09.2019	Sonntag 29.09.2019

To-Do's

Oktober 2019

Mo	Di	Mi	Do	Fr	Sa	So
	1	2	3	4	5	6
7	8	9	10	11	12	13
14	15	16	17	18	19	20
21	22	23	24	25	26	27
28	29	30	31			

Monatsplanung

Meine Ziele

Persönliches   Familie / Freunde

_____   _____

_____   _____

_____   _____

_____   _____

Arbeit   Gesundheit

_____   _____

_____   _____

_____   _____

_____   _____

To-Do's   Prio ✓

	Prio	✓

Wochenplan

Prio A:
_____
_____
_____
_____

Prio B:
_____
_____
_____
_____

Prio C:
_____
_____
_____
_____

Montag 30.09.2019	Dienstag 01.10.2019	Mittwoch 02.10.2019

Notizen / Gedanken:

☹ 🙁 😐 🙂 🙂　　　　　　　　　　　KW 40

Donnerstag 03.10.2019	Freitag 04.10.2019	Samstag 05.10.2019	Sonntag 06.10.2019

To-Do's

Wochenplan

Prio A:

_____

_____

_____

_____

Prio B:

_____

_____

_____

_____

Prio C:

_____

_____

_____

_____

Montag 07.10.2019	Dienstag 08.10.2019	Mittwoch 09.10.2019

Notizen / Gedanken:

☹ 😕 😐 🙂 😃　　　　　　　　　　　　KW 41

Donnerstag	Freitag	Samstag	Sonntag
10.10.2019	11.10.2019	12.10.2019	13.10.2019

To-Do's

Wochenplan

Prio A:
_____
_____
_____
_____
_____

Prio B:
_____
_____
_____
_____

Prio C:
_____
_____
_____
_____

	Montag 14.10.2019	Dienstag 15.10.2019	Mittwoch 16.10.2019

Notizen / Gedanken:

KW 42

Donnerstag 17.10.2019	Freitag 18.10.2019	Samstag 19.10.2019	Sonntag 20.10.2019

To-Do's

Wochenplan

Prio A:

_____

_____

_____

_____

Prio B:

_____

_____

_____

Prio C:

_____

_____

_____

Montag 21.10.2019	Dienstag 22.10.2019	Mittwoch 23.10.2019

Notizen / Gedanken:

☹ 😐 😑 🙂 😀   KW 43

Donnerstag	Freitag	Samstag	Sonntag
24.10.2019	25.10.2019	26.10.2019	27.10.2019

To-Do's

November 2019

Mo	Di	Mi	Do	Fr	Sa	So
				1	2	3
4	5	6	7	8	9	10
11	12	13	14	15	16	17
18	19	20	21	22	23	24
25	26	27	28	29	30	

Monatsplanung

Meine Ziele

Persönliches

_____

_____

_____

_____

Familie / Freunde

_____

_____

_____

_____

Arbeit

_____

_____

_____

_____

Gesundheit

_____

_____

_____

_____

To-Do's	Prio	✔

Wochenplan

Prio A:
_____
_____
_____
_____

Prio B:
_____
_____
_____

Prio C:
_____
_____
_____

Montag 28.10.2019	Dienstag 29.10.2019	Mittwoch 30.10.2019

Notizen / Gedanken:

☹ 😕 😐 🙂 😃　　　　　　　　　　　KW 44

Donnerstag 31.10.2019	Freitag 01.11.2019	Samstag 02.11.2019	Sonntag 03.11.2019

To-Do's

Wochenplan

Prio A:

_____

_____

_____

_____

Prio B:

_____

_____

_____

Prio C:

_____

_____

_____

Montag 04.11.2019	Dienstag 05.11.2019	Mittwoch 06.11.2019

Notizen / Gedanken:

☹ 😕 😐 🙂 😊　　　　　　　　KW 45

Donnerstag 07.11.2019	Freitag 08.11.2019	Samstag 09.11.2019	Sonntag 10.11.2019

To-Do's

Wochenplan

Prio A:

_____

_____

_____

_____

Prio B:

_____

_____

_____

_____

Prio C:

_____

_____

_____

_____

Montag 11.11.2019	Dienstag 12.11.2019	Mittwoch 13.11.2019

Notizen / Gedanken:

☹ 😕 😐 🙂 😊 KW 46

Donnerstag 14.11.2019	Freitag 15.11.2019	Samstag 16.11.2019	Sonntag 17.11.2019

To-Do's

Wochenplan

Prio A:

_____

_____

_____

_____

Prio B:

_____

_____

_____

Prio C:

_____

_____

_____

Montag 18.11.2019	Dienstag 19.11.2019	Mittwoch 20.11.2019

Notizen / Gedanken:

KW 47

Donnerstag 21.11.2019	Freitag 22.11.2019	Samstag 23.11.2019	Sonntag 24.11.2019

To-Do's

Wochenplan

Prio A:

_____

_____

_____

_____

Prio B:

_____

_____

_____

_____

Prio C:

_____

_____

_____

_____

Montag 25.11.2019	Dienstag 26.11.2019	Mittwoch 27.11.2019

Notizen / Gedanken:

☹ 😕 😐 🙂 😊 KW 48

Donnerstag 28.11.2019	Freitag 29.11.2019	Samstag 30.11.2019	Sonntag 01.12.2019

To-Do's

Dezember 2019

Mo	Di	Mi	Do	Fr	Sa	So
1	2	3	4	5	6	7
8	9	10	11	12	13	14
15	16	17	18	19	20	21
22	23	24	25	26	27	28
29	30	31				

Monatsplanung

Meine Ziele

Persönliches

_____

_____

_____

_____

Familie / Freunde

_____

_____

_____

_____

Arbeit

_____

_____

_____

_____

Gesundheit

_____

_____

_____

_____

To-Do's   Prio ✔

	Prio	✔

Wochenplan

Prio A:

_____

_____

_____

_____

Prio B:

_____

_____

_____

_____

Prio C:

_____

_____

_____

_____

Montag 02.12.2019	Dienstag 03.12.2019	Mittwoch 04.12.2019

Notizen / Gedanken:

☹ ☹ 😐 🙂 😃　　　　　　　　　　　KW 49

Donnerstag 05.12.2019	Freitag 06.12.2019	Samstag 07.12.2019	Sonntag 08.12.2019

To-Do's

Wochenplan

Prio A:

_____

_____

_____

_____

Prio B:

_____

_____

_____

_____

Prio C:

_____

_____

_____

_____

Montag 09.12.2019	Dienstag 10.12.2019	Mittwoch 11.12.2019

Notizen / Gedanken:

☹ 🙁 😐 🙂 😃   KW 50

Donnerstag 12.12.2019	Freitag 13.12.2019	Samstag 14.12.2019	Sonntag 15.12.2019

To-Do's

Wochenplan

Prio A:

_____

_____

_____

_____

Prio B:

_____

_____

_____

_____

Prio C:

_____

_____

_____

_____

Montag 16.12.2019	Dienstag 17.12.2019	Mittwoch 18.12.2019

Notizen / Gedanken:

☹ 😕 😐 🙂 😀 KW 51

Donnerstag 19.12.2019	Freitag 20.12.2019	Samstag 21.12.2019	Sonntag 22.12.2019

To-Do's

Wochenplan

Prio A:
_____
_____
_____
_____

Prio B:
_____
_____
_____
_____

Prio C:
_____
_____
_____
_____

Montag 23.12.2019	Dienstag 24.12.2019	Mittwoch 25.12.2019

Notizen / Gedanken:

KW 52

Donnerstag 26.12.2019	Freitag 27.12.2019	Samstag 28.12.2019	Sonntag 29.12.2019

To-Do's

Januar 2020

Mo	Di	Mi	Do	Fr	Sa	So
		1	2	3	4	5
6	7	8	9	10	11	12
13	14	15	16	17	18	19
20	21	22	23	24	25	26
27	28	29	30	31		

Monatsplanung

Meine Ziele

Persönliches   Familie / Freunde

_____   _____

_____   _____

_____   _____

_____   _____

Arbeit   Gesundheit

_____   _____

_____   _____

_____   _____

_____   _____

To-Do's	Prio	✓

Wochenplan

	Montag 30.12.2019	Dienstag 31.12.2019	Mittwoch 01.01.2020
Prio A: _____ _____ _____ _____			
Prio B: _____ _____ _____ _____			
Prio C: _____ _____ _____ _____			

Notizen / Gedanken:

KW 36

Donnerstag 02.01.2020	Freitag 03.01.2020	Samstag 04.01.2020	Sonntag 05.01.2020

To-Do's

Wochenplan

Prio A:
_____
_____
_____
_____

Prio B:
_____
_____
_____
_____

Prio C:
_____
_____
_____
_____

Montag 06.01.2020	Dienstag 07.01.2020	Mittwoch 08.01.2020

Notizen / Gedanken:

KW 36

Donnerstag 09.01.2020	Freitag 10.01.2020	Samstag 11.01.2020	Sonntag 12.01.2020

To-Do's

Wochenplan

Prio A:

_____

_____

_____

_____

Prio B:

_____

_____

_____

Prio C:

_____

_____

_____

Montag 13.01.2020	Dienstag 14.01.2020	Mittwoch 15.01.2020

Notizen / Gedanken:

☹ 😐 😐 🙂 😊　　　　　　　　　　　　KW 36

Donnerstag 16.01.2020	Freitag 17.01.2020	Samstag 18.01.2020	Sonntag 19.01.2020

To-Do's

Wochenplan

Prio A:

_____

_____

_____

_____

Prio B:

_____

_____

_____

_____

Prio C:

_____

_____

_____

_____

Montag 20.01.2020	Dienstag 21.01.2020	Mittwoch 22.01.2020

Notizen / Gedanken:

☹ 😕 😐 🙂 😃 KW 36

Donnerstag 23.01.2020	Freitag 24.01.2020	Samstag 25.01.2020	Sonntag 26.01.2020

To-Do's

Wochenplan

Prio A:

_____

_____

_____

_____

Prio B:

_____

_____

_____

_____

Prio C:

_____

_____

_____

_____

	Montag 27.01.2020	Dienstag 28.01.2020	Mittwoch 29.01.2020

Notizen / Gedanken:

😞 😕 😐 🙂 😊　　　　　　　　　　　　　　KW 36

Donnerstag	Freitag	Samstag	Sonntag
30.01.2020	31.01.2020	01.02.2020	02.02.2020

To-Do's

Februar 2020

Mo	Di	Mi	Do	Fr	Sa	So
					1	2
3	4	5	6	7	8	9
10	11	12	13	14	15	16
17	18	19	20	21	22	23
24	25	26	27	28	29	

Monatsplanung

Meine Ziele

Persönliches

_____

_____

_____

_____

Familie / Freunde

_____

_____

_____

_____

Arbeit

_____

_____

_____

_____

Gesundheit

_____

_____

_____

_____

To-Do's   Prio ✓

	Prio	✓

Wochenplan

Prio A:
_____
_____
_____
_____

Prio B:
_____
_____
_____
_____

Prio C:
_____
_____
_____
_____

	Montag 03.02.2020	Dienstag 04.02.2020	Mittwoch 05.02.2020

Notizen / Gedanken:

☹ 😐 😑 🙂 😊   KW 36

Donnerstag 06.02.2020	Freitag 07.02.2020	Samstag 08.02.2020	Sonntag 09.02.2020

To-Do's

Wochenplan

Prio A:
_____
_____
_____
_____

Prio B:
_____
_____
_____

Prio C:
_____
_____
_____

Montag 10.02.2020	Dienstag 11.02.2020	Mittwoch 12.02.2020

Notizen / Gedanken:

☹ 🙁 😐 🙂 😊　　　　　　　　　　　　　　KW 36

Donnerstag 13.02.2020	Freitag 14.02.2020	Samstag 15.02.2020	Sonntag 16.02.2020

To-Do's

Wochenplan

Prio A:
_____
_____
_____
_____

Prio B:
_____
_____
_____
_____

Prio C:
_____
_____
_____
_____

Montag 17.02.2020	Dienstag 18.02.2020	Mittwoch 19.02.2020

Notizen / Gedanken:

KW 36

Donnerstag 20.02.2020	Freitag 21.02.2020	Samstag 22.02.2020	Sonntag 23.02.2020

To-Do's

Wochenplan

Prio A:

_____

_____

_____

_____

Prio B:

_____

_____

_____

Prio C:

_____

_____

_____

	Montag 24.02.2020	Dienstag 25.02.2020	Mittwoch 26.02.2020

Notizen / Gedanken:

KW 36

Donnerstag 27.02.2020	Freitag 28.02.2020	Samstag 29.02.2020	Sonntag 01.03.2020

To-Do's

März 2020

Mo	Di	Mi	Do	Fr	Sa	So
1	2	3	4	5	6	7
8	9	10	11	12	13	14
15	16	17	18	19	20	21
22	23	24	25	26	27	28
29	30	31				

Monatsplanung

Meine Ziele

Persönliches   Familie / Freunde
_____   _____
_____   _____
_____   _____
_____   _____

Arbeit   Gesundheit
_____   _____
_____   _____
_____   _____

To-Do's	Prio	✓

Wochenplan

Prio A:
_____
_____
_____
_____

Prio B:
_____
_____
_____

Prio C:
_____
_____
_____

Montag 02.03.2020	Dienstag 03.03.2020	Mittwoch 04.03.2020

Notizen / Gedanken:

KW 36

Donnerstag 05.03.2020	Freitag 06.03.2020	Samstag 07.03.2020	Sonntag 08.03.2020

To-Do's

Wochenplan

Prio A:

_____

_____

_____

_____

Prio B:

_____

_____

_____

_____

Prio C:

_____

_____

_____

_____

	Montag 09.03.2020	Dienstag 10.03.2020	Mittwoch 11.03.2020

Notizen / Gedanken:

☹ 🙁 😐 🙂 😃　　　　　　　　　　KW 36

| Donnerstag | Freitag | Samstag | Sonntag |
12.03.2020	13.03.2020	14.03.2020	15.03.2020

To-Do's

Wochenplan

Prio A:
_____
_____
_____
_____

Prio B:
_____
_____
_____
_____

Prio C:
_____
_____
_____
_____

Montag 16.03.2020	Dienstag 17.03.2020	Mittwoch 18.03.2020

Notizen / Gedanken:

☹ 😕 😐 🙂 😃　　　　　　　　　　　　　　　　KW 36

Donnerstag 19.03.2020	Freitag 20.03.2020	Samstag 21.03.2020	Sonntag 22.03.2020

To-Do's

Wochenplan

Prio A:

Montag 23.03.2020	Dienstag 24.03.2020	Mittwoch 25.03.2020

Prio B:

Prio C:

Notizen / Gedanken:

☹ 😕 😐 🙂 😊　　　　　　　　　　　KW 36

Donnerstag 26.03.2020	Freitag 27.03.2020	Samstag 28.03.2020	Sonntag 29.03.2020

To-Do's

April 2020

Mo	Di	Mi	Do	Fr	Sa	So
		1	2	3	4	5
6	7	8	9	10	11	12
13	14	15	16	17	18	19
20	21	22	23	24	25	26
27	28	29	30			

Monatsplanung

Meine Ziele

Persönliches

_____

_____

_____

_____

Familie / Freunde

_____

_____

_____

_____

Arbeit

_____

_____

_____

_____

Gesundheit

_____

_____

_____

_____

To-Do's	Prio	✓

Wochenplan

Prio A:
_____
_____
_____
_____

Prio B:
_____
_____
_____

Prio C:
_____
_____
_____

Montag 30.03.2020	Dienstag 31.03.2020	Mittwoch 01.04.2020

Notizen / Gedanken:

KW 36

Donnerstag 02.04.2020	Freitag 03.04.2020	Samstag 04.04.2020	Sonntag 05.04.2020

To-Do's

Wochenplan

	Montag 06.04.2020	Dienstag 07.04.2020	Mittwoch 08.04.2020
Prio A: _____ _____ _____ _____			
Prio B: _____ _____ _____			
Prio C: _____ _____ _____			

Notizen / Gedanken:

☹ 🙁 😐 🙂 😃　　　　　　　　KW 36

Donnerstag 09.04.2020	Freitag 10.04.2020	Samstag 11.04.2020	Sonntag 12.04.2020

To-Do's

Wochenplan

Prio A:

_____

_____

_____

Prio B:

_____

_____

_____

Prio C:

_____

_____

_____

Montag 13.04.2020	Dienstag 14.04.2020	Mittwoch 15.04.2020

Notizen / Gedanken:

☹ 🙁 😐 🙂 😊   KW 36

Donnerstag 16.04.2020	Freitag 17.04.2020	Samstag 18.04.2020	Sonntag 19.04.2020

To-Do's

Wochenplan

Prio A:
_____
_____
_____
_____

Prio B:
_____
_____
_____
_____

Prio C:
_____
_____
_____
_____

Montag 20.04.2020	Dienstag 21.04.2020	Mittwoch 22.04.2020

Notizen / Gedanken:

☹ 😕 😐 🙂 😃　　　　　　　　　　　KW 36

Donnerstag 23.04.2020	Freitag 24.04.2020	Samstag 25.04.2020	Sonntag 26.04.2020

To-Do's

Wochenplan

Prio A:

_____
_____
_____
_____

Prio B:

_____
_____
_____

Prio C:

_____
_____
_____

Montag 27.04.2020	Dienstag 28.04.2020	Mittwoch 29.04.2020

Notizen / Gedanken:

KW 36

Donnerstag 30.04.2020	Freitag 01.05.2020	Samstag 02.05.2020	Sonntag 03.05.2020

To-Do's

Mai 2020

Mo	Di	Mi	Do	Fr	Sa	So
				1	2	3
4	5	6	7	8	9	10
11	12	13	14	15	16	17
18	19	20	21	22	23	24
25	26	27	28	29	30	31

Monatsplanung

Meine Ziele

Persönliches

_____

_____

_____

_____

Familie / Freunde

_____

_____

_____

_____

Arbeit

_____

_____

_____

_____

Gesundheit

_____

_____

_____

_____

To-Do's	Prio	✓

Wochenplan

Prio A:

_____

_____

_____

_____

Prio B:

_____

_____

_____

_____

Prio C:

_____

_____

_____

_____

	Montag 04.05.2020	Dienstag 05.05.2020	Mittwoch 06.05.2020

Notizen / Gedanken:

KW 36

Donnerstag 07.05.2020	Freitag 08.05.2020	Samstag 09.05.2020	Sonntag 10.05.2020

To-Do's

Wochenplan

Prio A:
_____
_____
_____
_____

Prio B:
_____
_____
_____

Prio C:
_____
_____
_____

Montag 11.05.2020	Dienstag 12.05.2020	Mittwoch 13.05.2020

Notizen / Gedanken:

☹ 😐 😶 🙂 😃　　　　　　　　　　　　　　　KW 36

Donnerstag 14.05.2020	Freitag 15.05.2020	Samstag 16.05.2020	Sonntag 17.05.2020

To-Do's

Wochenplan

Prio A:
_____
_____
_____
_____

Prio B:
_____
_____
_____
_____

Prio C:
_____
_____
_____
_____

Montag 18.05.2020	Dienstag 19.05.2020	Mittwoch 20.05.2020

Notizen / Gedanken:

KW 36

Donnerstag 21.05.2020	Freitag 22.05.2020	Samstag 23.05.2020	Sonntag 24.05.2020

To-Do's

Wochenplan

Prio A:

_____

_____

_____

_____

Prio B:

_____

_____

_____

_____

Prio C:

_____

_____

_____

_____

Montag 25.05.2020	Dienstag 26.05.2020	Mittwoch 27.05.2020

Notizen / Gedanken:

KW 36

Donnerstag 28.05.2020	Freitag 29.05.2020	Samstag 30.05.2020	Sonntag 31.05.2020

To-Do's

Juni 2020

Mo	Di	Mi	Do	Fr	Sa	So
1	2	3	4	5	6	7
8	9	10	11	12	13	14
15	16	17	18	19	20	21
22	23	24	25	26	27	28
29	30					

Monatsplanung

Meine Ziele

Persönliches

_____

_____

_____

_____

Familie / Freunde

_____

_____

_____

_____

Arbeit

_____

_____

_____

_____

Gesundheit

_____

_____

_____

_____

To-Do's   Prio ✓

To-Do	Prio	✓

Wochenplan

Prio A:

_____

_____

_____

_____

Prio B:

_____

_____

_____

Prio C:

_____

_____

_____

Montag 01.06.2020	Dienstag 02.06.2020	Mittwoch 03.06.2020

Notizen / Gedanken:

☹ 😐 😑 🙂 😃 KW 36

Donnerstag 04.06.2020	Freitag 05.06.2020	Samstag 06.06.2020	Sonntag 07.06.2020

To-Do's

Wochenplan

Prio A:
_____
_____
_____
_____

Prio B:
_____
_____
_____
_____

Prio C:
_____
_____
_____
_____

Montag 08.06.2020	Dienstag 09.06.2020	Mittwoch 10.06.2020

Notizen / Gedanken:

KW 36

Donnerstag 11.06.2020	Freitag 12.06.2020	Samstag 13.06.2020	Sonntag 14.06.2020

To-Do's

Wochenplan

Prio A:

_____

_____

_____

_____

Prio B:

_____

_____

_____

Prio C:

_____

_____

_____

Montag 15.06.2020	Dienstag 16.06.2020	Mittwoch 17.06.2020

Notizen / Gedanken:

KW 36

Donnerstag 18.06.2020	Freitag 19.06.2020	Samstag 20.06.2020	Sonntag 21.06.2020

To-Do's

Wochenplan

Prio A:

_____

_____

_____

_____

Prio B:

_____

_____

_____

Prio C:

_____

_____

_____

Montag 22.06.2020	Dienstag 23.06.2020	Mittwoch 24.06.2020

Notizen / Gedanken:

KW 36

Donnerstag 25.06.2020	Freitag 26.06.2020	Samstag 27.06.2020	Sonntag 28.06.2020

To-Do's

Juli 2020

Mo	Di	Mi	Do	Fr	Sa	So
		1	2	3	4	5
6	7	8	9	10	11	12
13	14	15	16	17	18	19
20	21	22	23	24	25	26
27	28	29	30	31		

Monatsplanung

Meine Ziele

Persönliches   Familie / Freunde

_____   _____

_____   _____

_____   _____

_____   _____

Arbeit   Gesundheit

_____   _____

_____   _____

_____   _____

_____   _____

To-Do's   Prio ✓

To-Do	Prio	✓

Wochenplan

Prio A:
_____
_____
_____
_____

Prio B:
_____
_____
_____
_____

Prio C:
_____
_____
_____
_____

Montag 29.06.2020	Dienstag 30.06.2020	Mittwoch 01.07.2020

Notizen / Gedanken:

KW 36

Donnerstag 02.07.2020	Freitag 03.07.2020	Samstag 04.07.2020	Sonntag 05.07.2020

To-Do's

Wochenplan

Prio A:
_____
_____
_____
_____

Prio B:
_____
_____
_____

Prio C:
_____
_____
_____

Montag 06.07.2020	Dienstag 07.07.2020	Mittwoch 08.07.2020

Notizen / Gedanken:

KW 36

Donnerstag 09.07.2020	Freitag 10.07.2020	Samstag 11.07.2020	Sonntag 12.07.2020

To-Do's

Wochenplan

Prio A:
_____
_____
_____
_____

Prio B:
_____
_____
_____

Prio C:
_____
_____
_____

Montag 13.07.2020	Dienstag 14.07.2020	Mittwoch 15.07.2020

Notizen / Gedanken:

☹ 😕 😐 🙂 😃　　　　　　　　　　　KW 36

Donnerstag 16.07.2020	Freitag 17.07.2020	Samstag 18.07.2020	Sonntag 19.07.2020

To-Do's

Wochenplan

Prio A:

_____

_____

_____

_____

Prio B:

_____

_____

_____

Prio C:

_____

_____

_____

Montag 20.07.2020	Dienstag 21.07.2020	Mittwoch 22.07.2020

Notizen / Gedanken:

☹ 😕 😐 🙂 😊 KW 36

Donnerstag 23.07.2020	Freitag 24.07.2020	Samstag 25.07.2020	Sonntag 26.07.2020

To-Do's

Wochenplan

Prio A:

_____

_____

_____

Prio B:

_____

_____

_____

Prio C:

_____

_____

_____

Montag 27.07.2020	Dienstag 28.07.2020	Mittwoch 29.07.2020

Notizen / Gedanken:

☹ 😐 😐 🙂 😊　　　　　　　　　　　KW 36

Donnerstag 30.07.2020	Freitag 31.07.2020	Samstag 01.08.2020	Sonntag 02.08.2020

To-Do's

August 2020

Mo	Di	Mi	Do	Fr	Sa	So
					1	2
3	4	5	6	7	8	9
10	11	12	13	14	15	16
17	18	19	20	21	22	23
24	25	26	27	28	29	30
31						

Monatsplanung

Meine Ziele

Persönliches

_____

_____

_____

_____

Familie / Freunde

_____

_____

_____

_____

Arbeit

_____

_____

_____

_____

Gesundheit

_____

_____

_____

_____

To-Do's	Prio	✓

Wochenplan

Prio A:
_____
_____
_____
_____

Prio B:
_____
_____
_____
_____

Prio C:
_____
_____
_____
_____

Montag 03.08.2020	Dienstag 04.08.2020	Mittwoch 05.08.2020

Notizen / Gedanken:

☹ 😕 😐 🙂 😃   KW 36

Donnerstag 06.08.2020	Freitag 07.08.2020	Samstag 08.08.2020	Sonntag 09.08.2020

To-Do's

Wochenplan

Prio A:

_____

_____

_____

_____

Prio B:

_____

_____

_____

_____

Prio C:

_____

_____

_____

_____

Montag 10.08.2020	Dienstag 11.08.2020	Mittwoch 12.08.2020

Notizen / Gedanken:

☹ 😐 😑 🙂 😊　　　KW 36

Donnerstag 13.08.2020	Freitag 14.08.2020	Samstag 15.08.2020	Sonntag 16.08.2020

To-Do's

Wochenplan

Prio A:

_____

_____

_____

_____

Prio B:

_____

_____

_____

_____

Prio C:

_____

_____

_____

_____

Montag 17.08.2020	Dienstag 18.08.2020	Mittwoch 19.08.2020

Notizen / Gedanken:

KW 36

Donnerstag 20.08.2020	Freitag 21.08.2020	Samstag 22.08.2020	Sonntag 23.08.2020

To-Do's

Wochenplan

Prio A:
_____
_____
_____
_____

Prio B:
_____
_____
_____

Prio C:
_____
_____
_____

Montag 24.08.2020	Dienstag 25.08.2020	Mittwoch 26.08.2020

Notizen / Gedanken:

KW 36

Donnerstag 27.08.2020	Freitag 28.08.2020	Samstag 29.08.2020	Sonntag 30.08.2020

To-Do's

September 2020

Mo	Di	Mi	Do	Fr	Sa	So
	1	2	3	4	5	6
7	8	9	10	11	12	13
14	15	16	17	18	19	20
21	22	23	24	25	26	27
28	29	30				

Monatsplanung

Meine Ziele

Persönliches

_____

_____

_____

_____

Familie / Freunde

_____

_____

_____

_____

Arbeit

_____

_____

_____

_____

Gesundheit

_____

_____

_____

_____

To-Do's   Prio ✓

	Prio	✓

Wochenplan

Prio A:

_____

_____

_____

_____

Prio B:

_____

_____

_____

_____

Prio C:

_____

_____

_____

_____

Montag 31.08.2020	Dienstag 01.09.2020	Mittwoch 02.09.2020

Notizen / Gedanken:

KW 36

Donnerstag 03.09.2020	Freitag 04.09.2020	Samstag 05.09.2020	Sonntag 06.09.2020

To-Do's

Wochenplan

Prio A:

_____

_____

_____

_____

Prio B:

_____

_____

_____

Prio C:

_____

_____

_____

Montag 07.09.2020	Dienstag 08.09.2020	Mittwoch 09.09.2020

Notizen / Gedanken:

☹ 😕 😐 🙂 😀   KW 36

Donnerstag	Freitag	Samstag	Sonntag
10.09.2020	11.09.2020	12.09.2020	13.09.2020

To-Do's

Wochenplan

Prio A:
_____
_____
_____
_____

Prio B:
_____
_____
_____
_____

Prio C:
_____
_____
_____
_____

Montag 14.09.2020	Dienstag 15.09.2020	Mittwoch 16.09.2020

Notizen / Gedanken:

KW 36

Donnerstag 17.09.2020	Freitag 18.09.2020	Samstag 19.09.2020	Sonntag 20.09.2020

To-Do's

Wochenplan

Prio A:
_____
_____
_____
_____

Prio B:
_____
_____
_____
_____

Prio C:
_____
_____
_____
_____

Montag 21.09.2020	Dienstag 22.09.2020	Mittwoch 23.09.2020

Notizen / Gedanken:

KW 36

Donnerstag 24.09.2020	Freitag 25.09.2020	Samstag 26.09.2020	Sonntag 27.09.2020

To-Do's

Wochenplan

Prio A:

_____

_____

_____

_____

Prio B:

_____

_____

_____

_____

Prio C:

_____

_____

_____

_____

Montag 28.09.2020	Dienstag 29.09.2020	Mittwoch 30.09.2020

Notizen / Gedanken:

KW 36

Donnerstag 01.10.2020	Freitag 02.10.2020	Samstag 03.10.2020	Sonntag 04.10.2020

To-Do's

Oktober 2020

Mo	Di	Mi	Do	Fr	Sa	So
			1	2	3	4
5	6	7	8	9	10	11
12	13	14	15	16	17	18
19	20	21	22	23	24	25
26	27	28	29	30	31	

Monatsplanung

Meine Ziele

Persönliches　　　　　　　　　　Familie / Freunde

_____　　　　　　_____

_____　　　　　　_____

_____　　　　　　_____

_____　　　　　　_____

Arbeit　　　　　　　　　　　　　Gesundheit

_____　　　　　　_____

_____　　　　　　_____

_____　　　　　　_____

_____　　　　　　_____

To-Do's　　　　　　　　　　　　　　　　　　　Prio ✓

To-Do	Prio	✓

Wochenplan

Prio A:
_____
_____
_____
_____

Prio B:
_____
_____
_____
_____

Prio C:
_____
_____
_____
_____

Montag 05.10.2020	Dienstag 06.10.2020	Mittwoch 07.10.2020

Notizen / Gedanken:

KW 36

Donnerstag 08.10.2020	Freitag 09.10.2020	Samstag 10.10.2020	Sonntag 11.10.2020

To-Do's

Wochenplan

Prio A:
_____
_____
_____
_____

Prio B:
_____
_____
_____
_____

Prio C:
_____
_____
_____
_____

Montag 12.10.2020	Dienstag 13.10.2020	Mittwoch 14.10.2020

Notizen / Gedanken:

KW 36

Donnerstag 15.10.2020	Freitag 16.10.2020	Samstag 17.10.2020	Sonntag 18.10.2020

To-Do's

Wochenplan

Prio A:

_____

_____

_____

_____

Prio B:

_____

_____

_____

_____

Prio C:

_____

_____

_____

_____

	Montag 19.10.2020	Dienstag 20.10.2020	Mittwoch 21.10.2020

Notizen / Gedanken:

KW 36

Donnerstag 22.10.2020	Freitag 23.10.2020	Samstag 24.10.2020	Sonntag 25.10.2020

To-Do's

Wochenplan

Prio A:

_____

_____

_____

_____

Prio B:

_____

_____

_____

Prio C:

_____

_____

_____

	Montag 26.10.2020	Dienstag 27.10.2020	Mittwoch 28.10.2020

Notizen / Gedanken:

KW 36

Donnerstag 29.10.2020	Freitag 30.10.2020	Samstag 31.10.2020	Sonntag 01.11.2020

To-Do's

November 2020

Mo	Di	Mi	Do	Fr	Sa	So
1	2	3	4	5	6	7
8	9	10	11	12	13	14
15	16	17	18	19	20	21
22	23	24	25	26	27	28
29	30					

Monatsplanung

Meine Ziele

Persönliches					Familie / Freunde

_____		_____

_____		_____

_____		_____

_____		_____

Arbeit						Gesundheit

_____		_____

_____		_____

_____		_____

_____		_____

To-Do's						Prio ✓

Wochenplan

Prio A:
_____
_____
_____
_____

Prio B:
_____
_____
_____

Prio C:
_____
_____
_____

Montag 02.11.2020	Dienstag 03.11.2020	Mittwoch 04.11.2020

Notizen / Gedanken:

KW 36

Donnerstag 05.11.2020	Freitag 06.11.2020	Samstag 07.11.2020	Sonntag 08.11.2020

To-Do's

Wochenplan

Prio A:

_____

_____

_____

_____

Prio B:

_____

_____

_____

_____

Prio C:

_____

_____

_____

_____

Montag 09.11.2020	Dienstag 10.11.2020	Mittwoch 11.11.2020

Notizen / Gedanken:

KW 36

Donnerstag 12.11.2020	Freitag 13.11.2020	Samstag 14.11.2020	Sonntag 15.11.2020

To-Do's

Wochenplan

Prio A:

_____

_____

_____

_____

Prio B:

_____

_____

_____

_____

Prio C:

_____

_____

_____

_____

	Montag 16.11.2020	Dienstag 17.11.2020	Mittwoch 18.11.2020

Notizen / Gedanken:

KW 36

Donnerstag 19.11.2020	Freitag 20.11.2020	Samstag 21.11.2020	Sonntag 22.11.2020

To-Do's

Wochenplan

Prio A:
_____
_____
_____
_____

Prio B:
_____
_____
_____

Prio C:
_____
_____
_____

	Montag 23.11.2020	Dienstag 24.11.2020	Mittwoch 25.11.2020

Notizen / Gedanken:

☹ 😐 😕 🙂 😃　　　　　　　　　　　　KW 36

Donnerstag 26.11.2020	Freitag 27.11.2020	Samstag 28.11.2020	Sonntag 29.11.2020

To-Do's

Dezember 2020

Mo	Di	Mi	Do	Fr	Sa	So
	1	2	3	4	5	6
7	8	9	10	11	12	13
14	15	16	17	18	19	20
21	22	23	24	25	26	27
28	29	30	31			

Monatsplanung

Meine Ziele

Persönliches

_____

_____

_____

_____

Arbeit

_____

_____

_____

_____

Familie / Freunde

_____

_____

_____

_____

Gesundheit

_____

_____

_____

_____

To-Do's   Prio ✔

Wochenplan

Prio A:

_____

_____

_____

_____

Prio B:

_____

_____

_____

_____

Prio C:

_____

_____

_____

_____

Montag 30.11.2020	Dienstag 01.12.2020	Mittwoch 02.12.2020

Notizen / Gedanken:

☹ ☹ 😐 🙂 😀   KW 36

Donnerstag 03.12.2020	Freitag 04.12.2020	Samstag 05.12.2020	Sonntag 06.12.2020

To-Do's

Wochenplan

Prio A:
_____
_____
_____
_____

Prio B:
_____
_____
_____
_____

Prio C:
_____
_____
_____
_____

Montag 07.12.2020	Dienstag 08.12.2020	Mittwoch 09.12.2020

Notizen / Gedanken:

KW 36

Donnerstag 10.12.2020	Freitag 11.12.2020	Samstag 12.12.2020	Sonntag 13.12.2020

To-Do's

Wochenplan

Prio A:

_____

_____

_____

_____

Prio B:

_____

_____

_____

_____

Prio C:

_____

_____

_____

_____

	Montag 14.12.2020	Dienstag 15.12.2020	Mittwoch 16.12.2020

Notizen / Gedanken:

☹ 😕 😐 🙂 😃　　　　　　　　　　　　KW 36

Donnerstag	Freitag	Samstag	Sonntag
17.12.2020	18.12.2020	19.12.2020	20.12.2020

To-Do's

Wochenplan

Prio A:

_____

_____

_____

_____

Prio B:

_____

_____

_____

_____

Prio C:

_____

_____

_____

_____

Montag 21.12.2020	Dienstag 22.12.2020	Mittwoch 23.12.2020

Notizen / Gedanken:

KW 36

Donnerstag 24.12.2020	Freitag 25.12.2020	Samstag 26.12.2020	Sonntag 27.12.2020

To-Do's

Wochenplan

Prio A:
_____
_____
_____
_____

Prio B:
_____
_____
_____

Prio C:
_____
_____
_____

Montag 28.12.2020	Dienstag 29.12.2020	Mittwoch 30.12.2020

Notizen / Gedanken:

😟 😕 😐 🙂 😃　　　　　　　　　　　　KW 36

Donnerstag 31.12.2020	Freitag 01.12.2021	Samstag 02.01.2021	Sonntag 03.01.2021

To-Do's

Impressum:
Nattawuth Arumsajjakul
Lissaboner Straße 18
30982 Pattensen

www.ingramcontent.com/pod-product-compliance
Lightning Source LLC
Chambersburg PA
CBHW070635220526
45466CB00001B/183